本书获得
国家茶叶产业技术体系病害防控岗位专家
国家茶叶产业技术体系遵义综合试验站
贵州省现代农业（茶叶）产业技术体系
支　持

“茶·叶·栽·培·加·工·技·术·手·册” 丛·书

茶园

病虫害绿色防控技术手册

贵州省农业科学院茶叶研究所 / 编
孟泽洪　杨　文　周玉锋 / 主编

贵州出版集团
贵州科技出版社

图书在版编目（CIP）数据

茶园病虫害绿色防控技术手册 / 贵州省农业科学院茶叶研究所编；孟泽洪，杨文，周玉锋主编．-- 贵阳：贵州科技出版社，2022.8

（“茶叶栽培加工技术手册”丛书）

ISBN 978-7-5532-1057-5

Ⅰ．①茶… Ⅱ．①贵… ②孟… ③杨… ④周… Ⅲ．①茶园－病虫害防治－技术手册 Ⅳ．① S435.711-62

中国版本图书馆 CIP 数据核字 (2022) 第 100490 号

茶园病虫害绿色防控技术手册

CHAYUAN BINGCHONGHAI LÜSE FANGKONG JISHU SHOUCE

出版发行 贵州出版集团　贵州科技出版社
地　　址 贵阳市中天会展城会展东路 A 座（邮政编码：550081）
网　　址 http://www.gzstph.com
出 版 人 朱文迅
策划编辑 朱文迅　程冠华　袁　隽
经　　销 全国各地新华书店
印　　刷 贵州新华印务有限公司
版　　次 2022 年 8 月第 1 版
印　　次 2022 年 8 月第 1 次
字　　数 35 千字
印　　张 2
开　　本 787 mm x 1092 mm　1/32
定　　价 19.80 元

天猫旗舰店：http://gzkjcbs.tmall.com

京东专营店：http://mall.jd.com/index-10293347.html

“茶叶栽培加工技术手册”丛书编委会

序

茶产业是贵州优势特色产业、绿色生态产业、脱贫攻坚主导产业、乡村振兴重点产业。大力发展茶产业，是贵州践行“两山论”的重要体现，是贵州巩固脱贫攻坚成果同乡村振兴有效衔接的重要抓手。因此，根据乡村振兴战略“20 字方针”总体要求，坚持践行“三茶统筹”理念，科技助力茶产业兴旺，开展茶产业科学技术普及工作，是增强茶企业、茶农等茶叶从业人员科学素养、理论和技术水平的有效手段。

由贵州省农业科学院茶叶研究所牵头编写的“茶叶栽培加工技术手册”丛书，是“贵州乡村振兴”书系的重要组成部分。该丛书由系列读本组成，涵盖茶树品种选择、高效栽培管理、病虫害防控、红茶与绿茶加工等实用技术要点。丛书内容系统、专业、重点突出、环节紧扣；一问一答和图文并茂的呈现方式，使科学知识和技术的传播更加生动形象、简单易懂，有利于茶叶科学技术的普及。

当前，我国正处于立足新发展阶段，完整、准确、全面贯彻新发展理念，构建新发展格局，推动高质量发展的新阶段。相信该丛书的出版，必将提升贵州茶文化、茶产业和茶科技的水平，提升科技服务产业的能力，推动贵州茶产业高质量发展，对于助力乡村振兴、推进共同富裕等具有重大的现实意义。本书的科学性、系统性和权威性，也将为广大茶叶从业者提供重要的参考和帮助。最后，衷心祝愿该丛书的出版获得成功！衷心希望该丛书能为每一位读者答疑解惑！

中国农业科学院茶叶研究所原副所长，二级研究员

2022年7月1日

目 录

第一篇

1

什么是茶树病虫害？

茶树病虫害

在茶树的生长发育过程中，受病原微生物或害虫侵害的茶树会出现生长受阻、产量降低、质量变劣甚至植株死亡的现象。

人生病

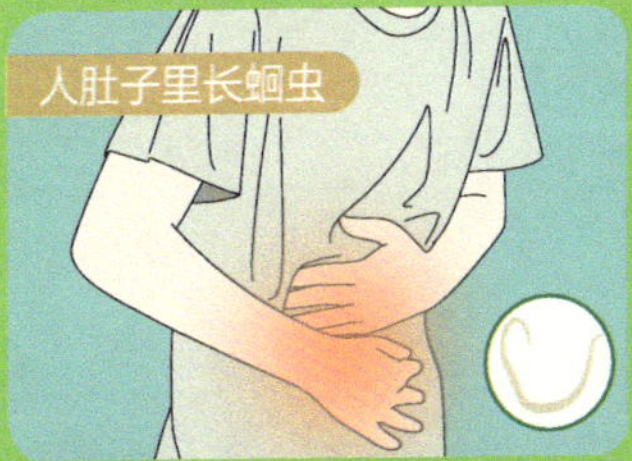
人肚子里长蛔虫

茶树上长害虫

茶树生病

第二篇

2

病菌、害虫长在茶树哪些部位？

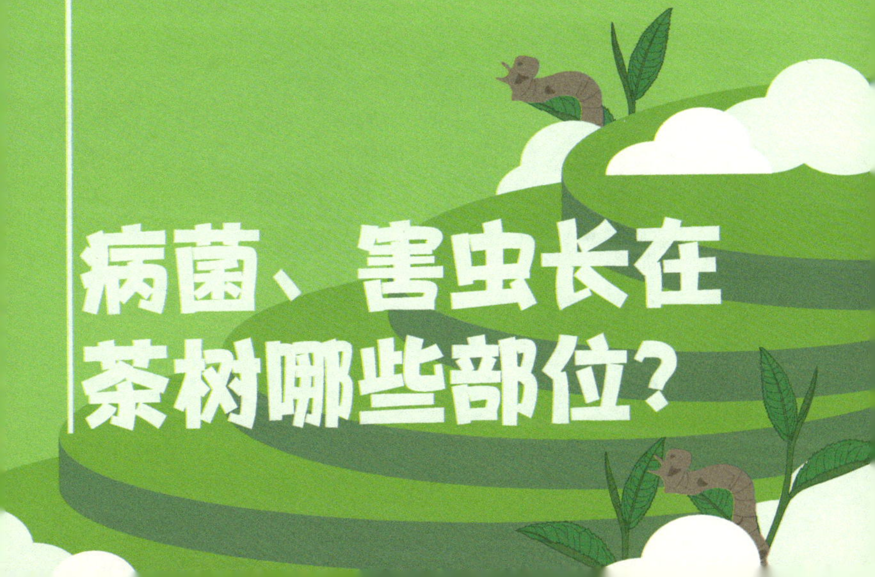

茶树的各个部位都会受到病虫的危害，尤其是芽、叶的病虫害种类多，危害尤为严重。

绿盲蝽若虫

芽叶长病菌

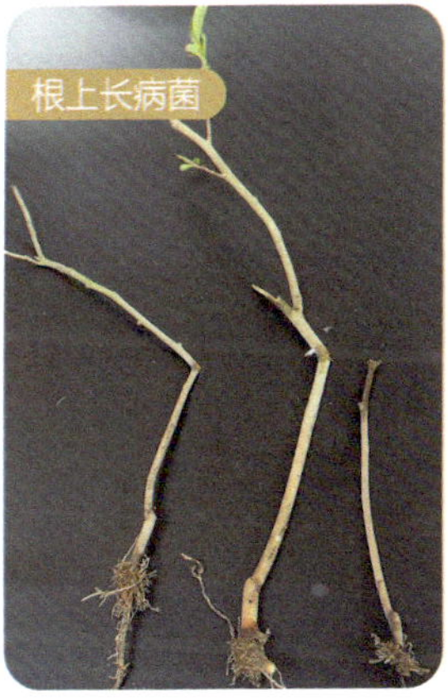
根上长病菌

茎上长病菌

叶上长害虫

茎上长害虫

芽上长害虫

根上长害虫

第三篇

3

茶园主要病虫有哪些？

“四虫两病”

★ 四虫：

茶小绿叶蝉、茶棍蓟马、黑刺粉虱、灰茶尺蠖。

★ 两病：

茶饼病、茶白星病。

茶小绿叶蝉

茶小绿叶蝉为害后

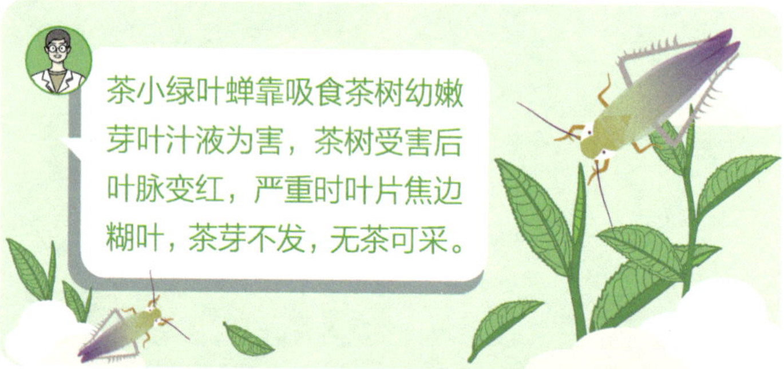

茶棍蓟马

卵为长椭圆形，乳白色，产于叶片内，不易观察。

茶棍蓟马为害后

茶棍蓟马靠吸食茶树幼嫩芽叶的汁液为害，受害叶片具条状疤痕，甚至芽叶枯焦、脱落，仅留芽头。

黑刺粉虱

具有短柄的卵

小时候，浑身带刺

长大后，浑身带粉

黑刺粉虱为害后

黑刺粉虱靠吸食茶树叶片的汁液为害。它们取食后会排泄蜜露，招来病菌和灰尘，引起煤烟病，严重时可使茶园一片漆黑。

灰茶尺蠖

灰茶尺蠖为害后

灰茶尺蠖幼虫直接咬食茶树叶片为害，受害茶树叶片残缺不全，严重时叶片被食尽，只剩光杆。

茶饼病

茶饼病使茶叶长“包包”。

茶白星病

茶白星病使茶叶生“点点”。

第四篇

4

茶园绿色防控有哪五大技术？

农业防治技术

推广抗性品种

合理施肥，提高树势

及时采摘，适时强采

合理修剪，适时重剪

翻　耕

土壤是许多害虫越冬、越夏的场所，多种尺蠖在土中化蛹，刺蛾在土中结茧，茶叶甲、象甲幼虫在土中生活、化蛹。翻耕可使土壤通风透气，促进茶树根系生长，破坏地下害虫栖息场所；或使害虫暴露于土表而被晒杀。

物理防治技术

灯光诱杀

根据不同茶树高度，灯体高度可调节。

每台灯管制范围：15~20 亩（1 亩 ≈ 667 平方米）*。

* 鉴于本书为农业科普性质图书，为便于广大农民群众阅读理解与实际操作，本书质量单位采用“公斤”，面积单位采用“亩”，并在全书第一次出现处分别给予其与“克”“斤”和“平方米”的换算关系；物理单位采用文字表述（如“平方米”）。

色泽诱杀

人工除虫

利用部分害虫具有假死、群集的特点进行人工捕捉，将害虫带出茶园。

生物防治技术

以虫治虫

以菌治虫

化学信息物质

以毒治虫

茶尺蠖感染多角体病毒后，病毒会在害虫种群间传染、流行，直至茶尺蠖死亡。

第四篇

生态控制技术

保护和利用生物多样性

驱避和诱集

构建集蜜源植物、栖境植物和储蓄植物为一体的复合型茶园生态系统。

驱避害虫的植物

诱集天敌的植物

生态茶园

科学用药技术

低毒、低水溶性化学农药

茶叶中的农药残留在泡茶时的浸出率与农药在水中的溶解度密切相关，因此茶叶生产中必须使用安全的，降解快、残留低、水溶解度低的农药，以环境友好型脂溶性农药替代水溶性农药，让农药在茶叶里“泡不出来”。

农药性质的不同影响茶叶最终饮用时的农药残留摄入量。

★ **农　药**

★ 脂溶性农药不溶于茶汤，泡茶时浸出率低。

★ 水溶性农药易溶于茶汤，泡茶时浸出率高。

对付虫害的“法宝”——杀虫剂

对付病害的“法宝”——杀菌剂

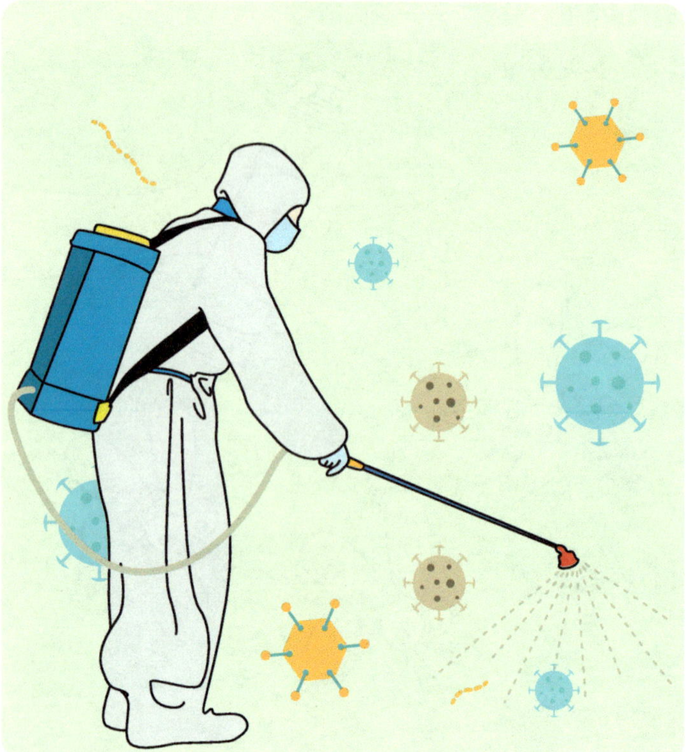

规范的农药产品具备的要素

★ 中文通用名称。

★ 企业名称、产品批号和农药登记证号。

★ 农药的有效成分含量、产品性能、毒性。

★ 登记作物名称、使用技术、使用方法。

★ 生产日期、有效期。

轮换用药

长期单一使用同一种或同一类农药，容易使病虫产生抗性；同一茶园全年要求同一种或同一类农药使用次数尽量不超过 2 次。

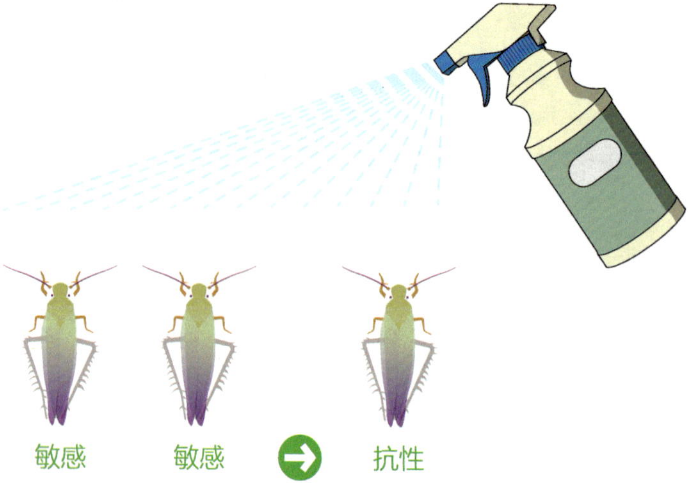

规范施药

佩（穿）戴橡胶手套、口罩、帽子、防护服、胶靴。

根据病虫害实际发生情况及规律，选准用药时机，选用茶园适用农药品种和剂型并严格控制剂量，合理选用喷药器械。

安全间隔期

指农药喷施在茶树上以后必须间隔或等待多少天后方可采收。

施药后 → 安全间隔期 → 采 茶

病虫的防治适期 ★

防治要趁“小”（低龄幼虫）和趁“早”（病害发生初期）。

第五篇

5

贵州茶园哪些农药不能用？

贵州茶园禁止使用农药

贵州茶园禁止使用农药共128种（2021年）。此外，名单未列出的其他剧毒/高毒农药、水溶性农药及化学除草剂也禁止使用。

★ 国家明令禁止使用的农药（46种）：

六六六、滴滴涕、毒杀芬、二溴氯丙烷、杀虫脒、二溴乙烷、除草醚、艾氏剂、狄氏剂、汞制剂、砷、铅类、敌枯双、氟乙酰胺、甘氟、毒鼠强、氟乙酸钠、毒鼠硅、甲胺磷、甲基对硫磷、对硫磷、久效磷、磷胺、苯线磷、地虫硫磷、甲基硫环磷、磷化钙、磷化镁、磷化锌、硫线磷、蝇毒磷、治螟磷、特丁硫磷、氯磺隆、胺苯磺隆、甲磺隆、福美胂、福美甲胂、三氯杀螨醇、林丹、硫丹、溴甲烷、杀扑磷、百草枯、氟虫胺、2,4-滴丁酯。

★ **国家明令茶树上禁止使用的农药(16 种):**

甲拌磷、甲基异柳磷、内吸磷、克百威、涕灭威、灭线磷、硫环磷、氯唑磷、氰戊菊酯、氟虫腈、氯化苦、灭多威、磷化铝、乙酰甲胺磷、丁硫克百威、乐果。

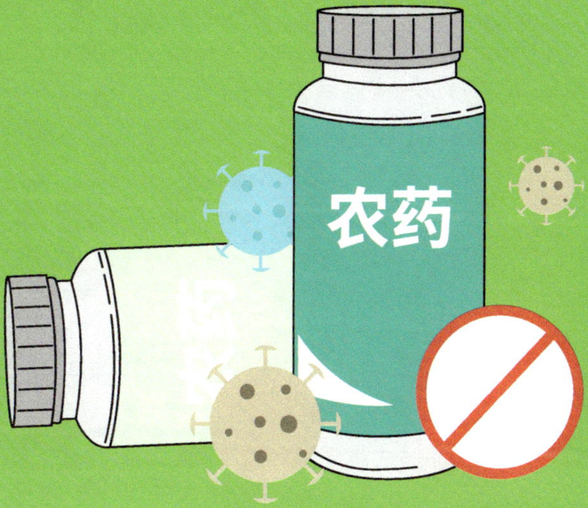

★ 贵州茶园禁止使用的农药（66 种）：

阿维菌素、草甘膦、草铵膦、氧乐果、水胺硫磷、辛硫磷、多菌灵、三唑磷、敌百虫、杀虫单、杀虫双、杀虫环、氯丹、异丙威、敌敌畏、杀螟硫磷、甲氰菊酯、盐酸吗啉胍、灭幼脲、丙溴磷、噁霜灵、敌磺钠、乙硫磷、杀草强、唑硫酸、硫菌灵、六氯苯、杀螟丹、喹硫磷、溴螨酯、定虫隆、嘧啶磷、敌菌灵、有效霉素、甲基胂酸、灭锈胺、苯噻草胺、异丙甲草胺、扑草净、丁草胺、稀禾定、吡氟禾草灵、吡氟氯禾灵、噁唑禾草灵、喹禾灵、氟磺胺草醚、三氟羧草醚、氯炔草灵、灭草猛、哌草丹、野草枯、氰草津、莠灭净、环嗪酮、乙羧氟草醚、草除灵、2，4，5- 涕、氟节胺、抑芽唑、蜗螺杀、乙拌磷、乙烯利、吡虫啉、啶虫脒、甲氨基阿维菌素苯甲酸盐、灭菌丹。